从小爱科学——物理真奇妙（全6册）

煮花茶

［韩］金洵成　著

［韩］曜宝婌　绘

千太阳　译

石油工业出版社

啪嗒啪嗒，啪嗒啪嗒！

这是什么声音？

丛林小路上，一排巨大的脚印正紧紧地追着野兔。

哈哈，不要害怕！

这是记忆力不好的健忘叔叔正在前往山泉的路上。

因为野兔生活的地方就有一眼清澈的山泉。

"呼，终于到了！"

咚咚咚，沙沙沙！

健忘叔叔正在打通结冰的山泉。

被叔叔打穿的窟窿里"咕嘟咕嘟"冒出了冰冷的泉水。

叔叔打满了一壶清澈冰冷的泉水。

"嗯，这么多应该够了吧？"

健忘叔叔提着水壶朝家中走去。

这时，随着"扑棱棱"的声响，一只鸟儿从健忘叔叔的身旁掠了过去。

吓了一跳的健忘叔叔直接将水壶掉在了地上。

水壶里的水一下子洒出了一小半。

"哎，水都洒出来了。不过，没关系，还剩下一半多呢。"

健忘叔叔捡起水壶，继续走向家中。

迷糊的他连自己的珍珠项链掉在洒出来的水上也没有发现。

外面突然刮起了冷风。

呼呼呼！
风越来越大。

健忘叔叔赶紧烧起了暖炉。

再等片刻，屋子就会暖起来。

如果将手靠近烧火的暖炉，就会变得暖和起来。因为暖炉里的热量扩散到了外面。不过，这也只是接触到热量的正面会感到暖和，至于热量接触不到的背部则一点儿暖意都没有。就像这样，热量不需要水或空气等物质的传递也能得到传播的现象，我们称之为"热辐射"。太阳的热量能够抵达地球也是因为存在热辐射的关系。

"下面该烤好吃的饼干了。"

健忘叔叔开始和起了饼干糊。

首先，在软化的黄油中加入一点白糖。

啪！

"啊，倒太多了！"

健忘叔叔不小心将一整杯白糖都倒了进去。

不过，健忘叔叔依然很高兴。

他一边哼着歌，一边往里面加入了鸡蛋。

向搅拌好的蛋糕中加入面粉，再用大饭勺搅拌一下。

　　最后，用擀面杖擀平面饼，再用模具压出花型，放在烤盘上。

　　"开始烤饼干了！"

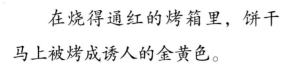

　　在烧得通红的烤箱里，饼干
马上被烤成诱人的金黄色。
　　"嗯，好香的味道！"
　　健忘叔叔戴上厚厚的手套，
取出烤箱中的热烤盘。

"哇哦，看起来好好吃的样子。我真是一个天才料理师！"

真的是如此吗？

看来健忘叔叔早已忘记自己刚刚将一整杯白糖都倒进去的事实。

"那接下来该做什么好呢？"

如果一个物体内部产生温度差，那物体内部的热量就会进行移动。我们称它为"热传导"。不过，每个物体热量移动的速度都不相同。

铁或铜等金属传递热量的速度很快，所以能够快速加热。正因如此，制作食物时使用的不粘锅或汤锅等厨具都是由金属制成的。

反观，木头、塑料、布等物体传递热量的速度就很慢。

"我要煮茶了！"

没错，接下来到了煮茶的时间。

夏季采摘的芳香馥郁的花朵，经过一个秋天的晒制，到了冬天就可以泡成花茶来喝了。

一杯热气腾腾的花茶配上香甜的饼干……

"光想想就让人兴奋不已呢！"

健忘叔叔很高兴，不由得哼唱起来。

"嗯，距离水烧开还需要一段时间，那就先休息一会儿。"

真是只是休息一会儿吗？不见得吧？

呼噜呼噜！

健忘叔叔一不小心就睡着了。

啵啵啵，哔！

不过，这是什么声音？

烧水时，下方烧热的水会升上去，而上方的冷水会沉下来。
这是因为热水比凉水密度小的缘故。当来到下方的水被加热后
会再次上升，同时上方的水又会再次沉下来。就像这样，气体
或液体循环流动传递热量的现象，我们称它为"热对流"。

啵啵啵!

壶盖不停地掀动着发出吵闹的声音。

哔!

这次则直接发出了尖锐的声音。

用水壶烧水时,水壶中会产生高温的水蒸气。这些水蒸气想要离开水壶的力量非常大。因此,水壶壶盖才会被不停地掀动。

吵闹的声音直接吵醒了睡着的健忘叔叔。

"对了，我之前好像在烧开水！"

健忘叔叔急忙跑向厨房。

他关掉火，将干花倒入了水壶中。

"嗯，不错不错！马上就可以喝到香味浓郁的花茶了！"

咚！

风敲击了一下窗户。

瞬间，健忘叔叔发现自己的珍珠项链好像不见了。

"咦，项链怎么不见了？"

"项链是在哪里丢的呢？"

健忘叔叔在屋子里找了一遍，但没有找到。

健忘叔叔认真地回忆了一下，随后恍然大悟道：

"肯定是落在了树林里！"

健忘叔叔拿出保温瓶，灌了一些茶水，穿上了外套。

健忘叔叔为了寻找丢失的珍珠项链，走出了大门。

呜！

"啊！风好大呀！"

"找到珍珠项链后，我得喝一杯热茶
暖暖身子。"

保温瓶是一种隔离热量传递和对流的瓶子。因此，灌入热水后可以保温很长时间。反之，放入冰冷的东西，同样也能保持温度很长时间。

冬季的白天很短。

他需要在日落之前赶回家中。

健忘叔叔急急忙忙走出了家门，甚至连门都忘记关了。

咯噔咯噔，咯噔咯噔。

蹦蹦跳跳！

丛林小路上，野兔一直跟在去找
项链的健忘叔叔身后。

健忘叔叔都快要饿虚脱了。

因为走得匆忙，他连烤好的
饼干都没来得及吃。

"在那里！"

他发现了丢失的珍珠项链。

不过，他又遇到了一个难题。

因为天气太冷，珍珠项链已经跟冰粘在了一起。

健忘叔叔认真地思考了一会儿。

"看来只能这么做了！"

健忘叔叔拧开保温瓶的盖子，将滚烫的热茶倒在了冰冻的项链上。

冰很快就融化了，于是健忘叔叔就很轻松地拾起了项链。

"呼，总算解决了！"

如果往冰块上倒热水或吹一会儿热风，冰块就会融化成水。融化的水遇到更高的热量，则会变成水蒸气。就像这样，热量可以融化固体为液体或气体。

回到家中的健忘叔叔，重新加热了茶水。

在他出去的时间里，风从大门里灌进来，把家里弄得一片狼藉，但健忘叔叔仍然感到很幸福。

因为他可以继续享用香甜的饼干和香喷喷的热茶了。

希望饼干的甜度不会吓到他。

如何知晓准确的温度

如果我们用手抚摸冰块或装有热茶的杯子，就可以马上知道它们是冷还是热。但是用手摸，并不能测出它们究竟有多么热或多么冷。另外，如果用手摸太冷或太热的东西，我们的手就有可能被冻伤或烫伤。

那么，我们怎么才能知道物质的准确温度呢？

"温度"是表示物体冷热程度的数值。温度可以用温度计进行测量。温度计分很多种类。其中，以酒精温度计为例，我们可以看到它透明的身体里有一根细长的管子，而管子里面则装有红色的酒精。物质普遍有温度上升时膨胀、温度下降时收缩的特性，其中也包含酒精。如果将酒精温度计放到物体上或放入物体之中，温度计中的酒精就会膨胀或收缩，然后最终停留在一个地方。而红色的酒精所停留的地方的数字就是表示物体温度的数值。

如果想知道天气或物体是冷是热，你可以用温度计进行测量。

有些东西可以利用热量进行移动

热量可以做到很多事情，例如煮熟食物或给房子供暖。

热量还可以移动物体。

如果用热量烧水，就会产生水蒸气。高温的水蒸气具有很大的推力。因此，人们可以利用水蒸气的力量让火车或轮船移动起来。将水蒸气的力量转换为可以推动火车或轮船的机械，我们叫它蒸汽机。虽然现在人们都是利用石油或电来驱动机械，但在这之前，人们都是利用蒸汽机来推动火车或轮船的。

即使现在发电，有时也会利用水蒸气的力量。例如在火力发电厂，人们会燃烧石油或煤炭来给水加热，然后通过由此产生的水蒸气，转动用于发电的机械——发电机。

另外，还有一个工具是利用热量加热空气来进行移动的，那就是热气球。热气球是一种将气球和篮子连接起来的飞行工具。气球的入口处装有可以加热空气的装置。当气球中的空气被加热后，密度变小，产生上升的浮力，人们就可以乘坐热气球飘浮在空中了。

1 健忘叔叔在打水回来的路上丢失了什么东西？

2 读一读下面的句子，在 ⬚ 里填入适当的词语。

　　健忘叔叔回到家中烧起了暖炉。于是，燃烧的暖炉中散发出来的

⬚ ，辐射到比暖炉温度更低的屋子里，使得屋子一下子变暖。

3 铁或铜等金属会迅速地传递热量。利用这种性质制作的工具都有什么？

4 下面的图片中有哪些不合理的地方？请认真思考后进行回答。

答案 1. 经过井边水桶　2. 热量　3. 平底锅等，汤勺　4. 没有插电却沸腾的水壶